動物成長小故事

青蛙豆豆

作　　　者：愛瑪·特倫特爾（Emma Tranter）
繪　　　圖：巴里·特倫特爾（Barry Tranter）
翻　　　譯：L. K. Sham
責任編輯：黃花窗
美術設計：陳雅琳
出　　　版：新雅文化事業有限公司
　　　　　　香港英皇道499號北角工業大廈18樓
　　　　　　電話：（852）2138 7998
　　　　　　傳真：（852）2597 4003
　　　　　　網址：http://www.sunya.com.hk
　　　　　　電郵：marketing@sunya.com.hk
發　　　行：香港聯合書刊物流有限公司
　　　　　　香港新界大埔汀麗路36號中華商務印刷大廈3字樓
　　　　　　電話：（852）2150 2100　　傳真：（852）2407 3062
　　　　　　電郵：info@suplogistics.com.hk
印　　　刷：中華商務彩色印刷有限公司
　　　　　　香港新界大埔汀麗路36號
版　　　次：二〇一六年五月初版
　　　　　　10 9 8 7 6 5 4 3 2 1

版權所有·不准翻印

ISBN: 978-962-08-6527-5
© Originally published in the English language as "Franklin Frog"
Text © Emma Tranter 2016
Illustrations © Barry Tranter 2016
Copyright licensed by Nosy Crow Ltd.
Traditional Chinese Edition © 2016 Sun Ya Publications (HK) Ltd.
18/F, North Point Industrial Building, 499 King's Road, Hong Kong
Published and printed in Hong Kong

動物成長小故事

青蛙豆豆

愛瑪・特倫特爾 著　　巴里・特倫特爾 圖

我愛青蛙跳！

新雅文化事業有限公司
www.sunya.com.hk

這是豆豆，他是一隻青蛙。你看，豆豆坐在池塘的睡蓮上，他最愛在水裏玩耍。

除了南極洲以外，世界各地都有不同的青蛙。

一般青蛙的大小跟成人的手掌差不多大。

你好！我是豆豆，很高興認識你！

青蛙是兩棲動物，可以在水裏和陸地上生活。

青蛙喜歡在接近水源的地方生活，例如：草地或樹林。

3

在陸地上，豆豆不走路，不爬行，只會跳。
豆豆更可踏着睡蓮，一塊接一塊，跳到池塘的另
一邊。

我跳！

準備好！

青蛙用強而
有力的後腿
跳來跳去。

青蛙有
8 根手指，
和 10 根
腳趾。

成功了！

豆豆一躍，可
跳過 6 隻青蛙
的距離！

豆豆不但會跳，還會游泳。豆豆的腳大，趾間又有蹼，幫助他在水裏快速地游。豆豆遇到危險時，便往水裏逃生。豆豆，小心那隻蒼鷺！

很多動物愛吃青蛙，包括鳥、貛、水獺、貓等。

今天天氣熱，
游泳最涼快！

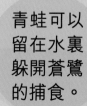

青蛙在水裏的時候，用皮膚來呼吸和喝水！

青蛙可以留在水裏躲開蒼鷺的捕食。

6

有些大鳥
像蒼鷺很
喜歡捕食
青蛙。

青蛙在水裏
的嗅覺比視
覺良好。

7

豆豆餓了，他伸出又長又黏的舌頭來捕捉昆蟲吃。

蒼蠅多汁，
真美味！

青蛙的舌頭
能捲曲在嘴
裏，有點像
生日會上看
到的捲笛！

成年青蛙只會
在陸地上找食
物，不會在水
裏找食物。

豆豆也愛吃蚯蚓和蝸牛呢！

青蛙不會咬碎食物，只會把食物吞下去。

青蛙沒有脖子，所以想要四處張望的時候，就要轉動全身。

天氣轉冷的時候，豆豆會找個溫暖的地方來冬眠。冬眠就像睡一場很長、很長的覺。

我要去睡覺了。該找哪個地方睡覺呢？

青蛙喜歡躲在一堆葉子下，當作溫暖的被窩。

青蛙能在水中呼吸，所以有些青蛙會在池塘的底部冬眠。

其實還有很多可以讓豆豆冬眠的地方。

春天再見！

青蛙冬眠的時候，心跳會很慢。

有些青蛙喜歡把自己埋藏在厚厚的泥濘下冬眠。

幸運的話，找個洞穴冬眠就最好。

在冬天，日短夜長，豆豆在睡夢中度過了灰沉沉的白天、冷森森的晚上。

即使下雪，豆豆仍然安詳地睡覺。

春天來了，大地回暖，豆豆也醒來了。
豆豆，是時候找個伴侶了！

大家好！

豆豆發現除了自己，還有許多雄性青蛙也在找伴侶。他們在晚上聚在一起，用獨特的歌聲去吸引雌性青蛙。

青蛙一般會回到自己出生的地方求偶。

青蛙總是在水裏或水邊交配。

有些青蛙的叫聲很響亮，1,600米以外的地方也能聽到！

準備……

好了……

嘓嘓、嘓嘓！

在鳴叫前，青蛙先吸入一大口氣，然後就嘓嘓大叫。

15

最後，豆豆沒有白費心機，他的叫聲吸引了菲菲。菲菲可是從很遠、很遠的地方前來的。

青蛙兩歲左右就可以交配。

你好，我是豆豆。你呢？

在交配的季節，青蛙幾乎不吃東西！

我是菲菲，你的
叫聲很好聽！

大部分青蛙
都要長途跋
涉找到池塘，
再找配偶。

在春天，菲菲產下幾百顆小小的蛙卵。

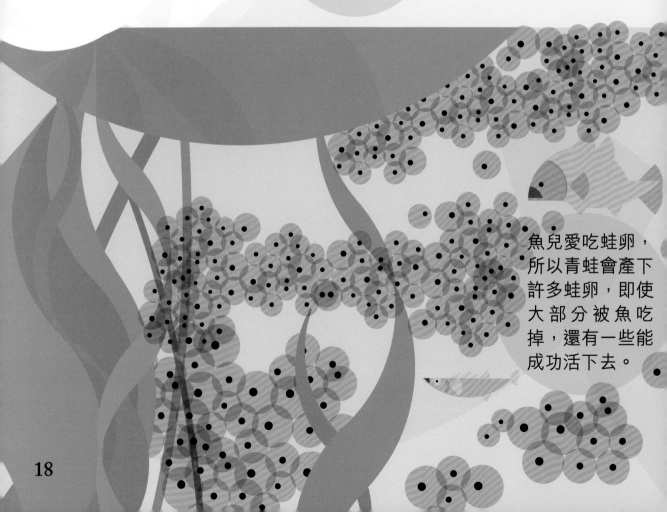

蛙卵浮在水面附近，接受陽光的滋養，一天一天成長。

魚兒愛吃蛙卵，所以青蛙會產下許多蛙卵，即使大部分被魚吃掉，還有一些能成功活下去。

蛙卵的周圍有軟軟的膠質保護，並互相黏在一起，形成卵塊。

青蛙媽媽產完蛙卵後，便會離開，不會留下照料牠們。

我走了！

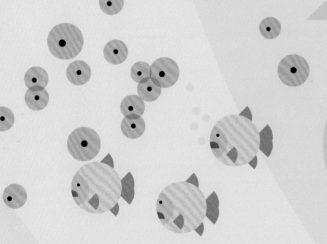

每 2,000 顆蛙卵中，最終只有約 5 顆成功長成青蛙。

在每顆蛙卵裏面，中間的黑點漸漸變成一條黑色小傢伙，那就是蝌蚪。

蝌蚪和魚類一樣長有鰓，所以能在水裏呼吸。

最初蝌蚪從蛙卵裏吸取養分。

嘩！我出世了！

差不多兩星期後，蝌蚪就會孵化出來，在水裏游來游去。

蝌蚪 4 星期大的時候，就會長出細小的牙齒來磨碎東西。

我長大後會變成一隻青蛙！

蝌蚪主要吃藻類，那是一種小小的植物。

蝌蚪在春天一天一天成長，外形也隨之改變。

蝌蚪的顏色也由黑色漸漸變成綠綠啡啡。

蝌蚪孵化出來後，約 10 星期長出後腿。

約 12 星期長出前腿。

蝌蚪慢慢變成幼蛙，最後變成青蛙。

你看，我的尾巴不見了，我是一隻青蛙！

在第 16 個星期，青蛙成年之後就可以離開池塘了。

蝌蚪約 14 星期大的時候，尾巴會縮小，變成幼蛙。

這是豆豆的兒子，他叫松松。松松是一隻青蛙。你看，松松坐在池塘的睡蓮上，他最愛在水裏玩耍。

你好！我是松松，很高興認識你！

青蛙在很久以前已經出現，早在恐龍時代已經有呢！

大部分青蛙能活 7 年。

青蛙的生命周期

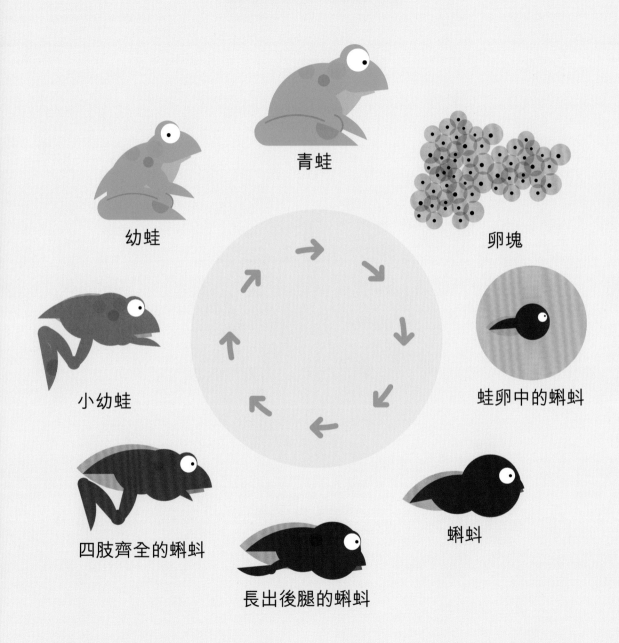

青蛙

卵塊

幼蛙

蛙卵中的蝌蚪

小幼蛙

蝌蚪

四肢齊全的蝌蚪

長出後腿的蝌蚪